P.8

教員室	小食部	音樂室
籃球場	禮堂	校務處
有蓋操場	圖書館	醫療室
視藝室		

P.13

P.21

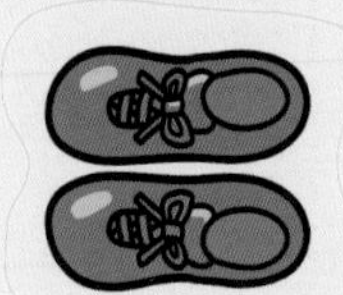
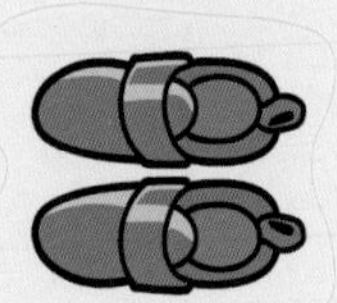
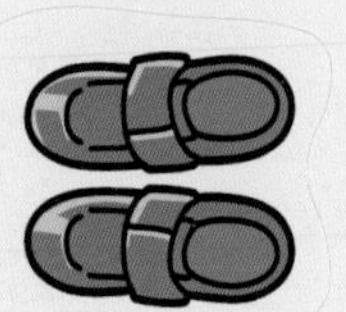

升小銜接！

幼稚園升小一體驗遊戲書

香港教育大學幼兒教育學系副教授兼副系主任
劉怡虹博士 著

新雅文化事業有限公司
www.sunya.com.hk

推薦序 1

我誠摯地向各位推薦這本內容豐富且實用的著作——《升小銜接！幼稚園升小一體驗遊戲書》。孩子從幼稚園轉入小學的過程中，必須適應新的學校環境、建立新的同學關係，並發展新的學習方法。本書透過一系列以遊戲為核心的體驗活動，並涵蓋了多方面的入學準備技能，以有趣的方式協助孩子們輕鬆掌握各種升讀小學的技巧，增強他們的自信心和自主性，指引小朋友順利迎接新的學習和成長階段。同時，這本書也為家長們提供了寶貴的親職技巧建議和指南，幫助他們在此關鍵的銜接階段中更好地陪伴和引導孩子，建立更緊密的親子連結。

作者劉怡虹博士深明孩子們在升小過程中所面臨的挑戰。多年來，她致力於執行多個關於親職教育和入學準備的研究項目，亦經常通過講座和媒體探討這些議題，積極推廣社會對幼小銜接的關注。劉博士的領導和貢獻更使得她所帶領的團隊榮獲 2022/23 年香港教育大學校長獎項——傑出知識轉移表現獎。這本書以劉博士在幼小銜接領域的豐富專業知識和實戰經驗為基礎，以兒童為本的視角設計了與現實銜接小學情景相關的內容，使之更貼合孩子們的實際需要。

這本書是頗有價值的升小銜接參考書，希望能對讀者有所裨益，成為家庭及學校的重要伙伴，共同為孩子的入學和適應帶來正面的影響。

李子建教授，JP

香港教育大學校長

推薦序 2

人生中有不少重要轉折，其中幼小銜接尤為重要。此時孩童需面對雙重挑戰：一是縱向蛻變，從遊戲到學習；二是橫向轉變，由家庭轉向學校。這可能使孩子感到不適。我們作為家長和教育者，有責任在這轉折中提供最大的支援與指導。

《升小銜接！幼稚園升小一體驗遊戲書》由經驗豐富、學術深厚的劉怡虹博士研究編撰。本書內裏有各種有趣且富教育意義的活動，每個活動都在遊戲中進行，以提升學童自信心與自主性，幫助他們適應小學生活。

讓我們充分利用《升小銜接！幼稚園升小一體驗遊戲書》，幫助孩子度過人生中第一個重要轉折期，迎接嶄新的學校生活。

李輝教授

香港教育大學幼兒教育講座教授

推薦序 3

幼小銜接是一個重要課題，試想一個六歲小朋友離開熟悉的幼稚園，重新適應新環境、新課程、新老師和同學，確實對他們來說是一個大挑戰。

過去幾年有幸透過幼小銜接計劃，認識了劉博士，讓本校家長透過小工具，用遊戲方式與孩子們一起經歷不同的校園情景和社交應對，增強了親子間互動。事實上劉博士不單擁有多年研究經驗，而她亦是兩個孩子的母親，這真是理論與實戰兼備。

喜見劉博士將升小銜接的主題出版成《升小銜接！幼稚園升小一體驗遊戲書》這本書，以小一的孩子為主角，通過不同的體驗活動，由認識校園開始，一步步引領小一生踏入奇妙的小一旅程。深信這書能祝福許多家庭，同時亦會是學校一項寶貴的資源，非常值得參考！

蘇炳輝校長

津貼小學議會署任主席及天水圍循道衞理小學校長

作者的話

「我唔想返學！」

「我好掛住幼稚園的張老師！」

作為一位母親，我見證了兩個孩子在適應小學時各自遇上不同的挑戰。我仍然記得兒子第一次參觀自己的小學時，疑惑地問道：「媽媽，小學這麼大，為什麼叫做『小』學？」對於小孩子來說，進入新的小學無疑是一個「大」挑戰。

除了環境的改變，孩子還需要適應新的規則、人際關係及學習方式。因此，孩子在銜接小學期間的情緒管理、行為控制和社交能力等軟技能，對他們的學習表現和全人發展影響深遠。而我的研究發現，父母的支援是培養這些軟技能的關鍵因素。

在這本書中，我整理了一系列實用的活動，旨在提升孩子對小學的認識，幫助父母與孩子預先演練小學生活中可能會遇到的情境。

親愛的家長們：幼小銜接是一個了解孩子發展及解鎖他們更多潛力的好時機。請緊記在過程中放鬆心情，接納孩子的限制，耐心陪伴和給予他們時間去成長，與孩子共同過渡升小的階段。

親愛的小朋友們：您們是否對升讀小一感到興奮又緊張的複雜心情呢？請記住，每一個挑戰都是成長的機會，爸爸媽媽、同學和老師亦會在您們身邊陪伴和支持您們。希望您們可以通過這本書去了解小學的生活，為成為小學生做好準備！

祝您們升小愉快！

劉怡虹博士

小朋友，你是否對小學的生活感到好奇？來跟着本書主角欣欣和俊俊，邊學邊玩，體驗充滿挑戰卻又豐富有趣的小學生活吧！

小學是什麼樣子？

龍鳳胎欣欣和俊俊即將升上小學，成為小學一年級生。今天，爸爸媽媽帶他們去參觀即將要就讀的小學。

小朋友，你參觀過自己的小學嗎？請根據你小學的外貌及周邊環境，回答以下問題。

1 學校外牆是什麼顏色的？請把右邊的小學外牆填上顏色。

2 學校附近有哪些設施？請剔選。

- ☐ 屋苑
- ☐ 購物商場
- ☐ 遊樂場
- ☐ 公園
- ☐ 停車場
- ☐ 巴士站
- ☐ 港鐵站
- ☐ 其他：________

____

____

升小博士小貼士

面對陌生的校園環境是孩子對升讀小學產生焦慮的原因之一，家長可於開學前帶準小一生到小學附近看看，讓他們熟悉學校周邊的設施，令他們在新的學習環境中有更多安全感。

小學裏有什麼設施？

欣欣和俊俊進入校園後，發現小學除了外貌跟幼稚園不同外，裏面還有很多幼稚園沒有的地方。

小學這麼大，我很怕自己會迷路啊！

不要緊，我們一起來認識小學的不同地方吧！

小朋友，請根據各個地方的描述，在 ______ 內貼上正確的地點名稱貼紙。

① 這是讓生病學生休息或處理傷口的地方。

② 這是老師備課及改作業的地方。

③ 這是學生上周會的地方。

④ 這是借閱各種有趣圖書的地方。

⑤ 這地方可讓學生詢問問題，如：尋找失物。

⑥ 這是學生購買飲品和零食的地方。

⑦ 這是上體育課的地方。

⑧ 這是上音樂課的地方。

⑨ 這是上視覺藝術課的地方。

⑩ 這是集隊的地方。

答案：1.醫療室 2.教員室 3.禮堂 4.圖書館 5.校務處 6.小食部 7.籃球場 8.音樂室 9.視藝室 10.有蓋操場

我最愛學校的小食部了，那裏有很多美味的零食呢！

我最愛學校的圖書館了，那裏有很多好看的圖書呢！

欣欣、俊俊，你們知道課室是學生待在學校最長時間的地方嗎？

我們來一起看看小學的課室吧！

活動

小朋友，請仔細觀察課室照片，在照片上圈出以下 6 個常見的課室設備。

黑板

學生抽屜

功課欄

第 周 月 日 星期
中
英
數
常
其他

教師桌

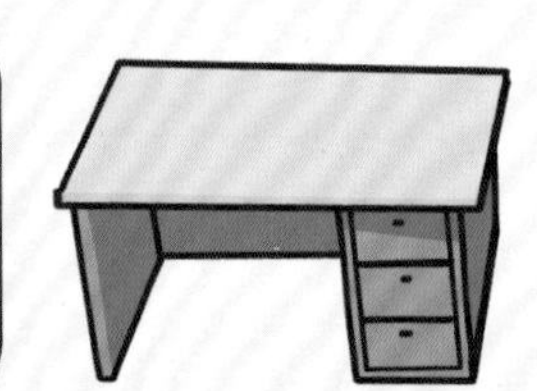

中央廣播

儲物櫃

上小學要準備什麼物品？

開學前，爸爸媽媽帶欣欣及俊俊到商場購買書包，他們分別選購了自己喜愛的卡通人物書包。

活動

小朋友，請在右方繪畫你喜愛的書包圖案。

爸爸媽媽又帶欣欣及俊俊選購上學用品。回家後，欣欣及俊俊逐一為上學用品貼上姓名貼紙，以防日後於校內遺失。他們還在學生手冊和學生證上填上自己的個人資料。

小朋友，你準備好上學用品嗎？請在已準備好的用品圓圈內畫上笑臉☺，然後在學生手冊和學生證上填上你的姓名、班別和學號。

俊俊覺得新書包比幼稚園的書包大很多，他擔心自己無法背負。於是，爸爸教導俊俊根據上課時間表，執拾當天需要使用的物品，避免書包過重。

小朋友，請根據以下的時間表，把當天需要帶回學校的課本貼紙貼在書包上。

節次	時間	星期一
	8:00 - 8:30	早操及班務
1	8:30 - 9:05	英文
2	9:05 - 9:40	視藝
	9:40 - 10:00	小息
3	10:00 - 10:35	體育
4	10:35 - 11:10	體育
	11:10 - 11:20	小息
5	11:20 - 11:55	數學
6	11:55 - 12:30	數學
	12:30 - 1:20	午膳及午息
7	1:20 - 1:55	中文
8	1:55 - 2:30	常識 *
	2:30 - 3:05	功課輔導／輔導課

* 小學常識科將分拆為科學科及人文科，新科將於 2025 年分階段推出，至 2027 年全面推行。

答案：英文課本、中文課本、數學課本、常識課本

升小博士小貼士

開學前，家長可以透過與孩子一起預備上學用品，讓他們作出選擇，這有助他們慢慢建立自我概念和獨立自主的心態。在選購上學用品的過程中，家長可以和孩子一起討論小學生活，營造一家人快樂的回憶和經驗，為他們的升小銜接製造正面積極的影響。

上小學的心情是怎樣的？

還有一天便要開學了，欣欣收拾書包時，找不到自己心愛的鉛筆而發脾氣，而俊俊則悶悶不樂地坐在一旁。媽媽知道他們是因為即將要在陌生的小學環境裏學習，而出現不安情緒，於是鼓勵他們把自己的感受說出來。

欣欣、俊俊，你們是否為明天開學的事情而感到不安呢？
媽媽，我感到很緊張，我怕在小學認識不到新朋友。
1

我明白你會感到緊張，不過只要你面帶微笑，友善地跟同學打招呼，就會很快認識到新朋友的。
嗯，我知道了。
2

俊俊，那你呢？
媽媽，我感到擔心，我擔心聽不懂老師的話。
3

我明白你的擔心，不過只要張開耳朵，留心聽老師的話，就可以了。若有不明白的地方，就勇敢地舉手向老師發問。
好的，我會專心上課。
4

活動

媽媽還教導欣欣及俊俊把心情寫出來。小朋友，請運用附錄的「心情記錄」表達出一天的心情。

心情記錄

我今天感到 不開心，

因為 忘記帶中文課本，

我會 跟着時間表收拾書包。

活動

小朋友，欣欣和俊俊遇到以下情況時會有什麼感受，請在☐內寫上適合的情緒詞彙的代表英文字母，並說一說他們可怎樣舒緩這些情緒。

情緒詞彙建議：A. 興奮 B. 害怕 C. 開心 D. 不開心 E. 緊張 F. 感恩 G. 有趣 H. 擔心 I. 思念 J. 期待 K. 憤怒 L. 煩躁 M. 憂愁 N. 傷心 O. 生氣 P. 妒忌 Q. 失望

1. 欣欣在小學遇到很多新奇的活動。

2. 俊俊在小學遇到很多不同的學習任務。

3. 欣欣在小學迷路了。

4. 俊俊在小學很掛念幼稚園的老師及同學。

5. 欣欣在小學認識了新朋友。

6. 俊俊忘記完成功課。

7. 欣欣在小學可以用新筆袋。

8. 俊俊坐校巴上小學。

答案：本活動的目的是供家長跟孩子探討可能出現的情緒及處理方法，而出現的情緒可以是多樣的，例如：欣欣在小學遇到很多新奇的活動，她感到很**有趣** / 她很**期待**參與小學不同的活動。

爸爸媽媽決定為欣欣和俊俊在家中舉行開學禮，兩位孩子興奮地換上明天上學的校服，由爸爸媽媽為他們拍照留念。爸爸媽媽更為兩人送上打氣字條，讓他們放入校服的口袋裏。當想念爸爸媽媽時，欣欣和俊俊只要伸手入口袋裏，便可以感受到爸爸媽媽的陪伴。

欣欣：
常常面帶微笑，會為你帶來更多朋友！
媽媽
俊俊：
用心聆聽，勇敢發問，什麼問題也不怕！
爸爸

活動 小朋友，請邀請爸爸媽媽為你寫一張打氣字條，讓你放入校服的口袋裏。

升小博士小貼士

孩子在升讀小學的過程中，會面對很多轉變而產生負面情緒，例如：擔心、不安、害怕等，實屬正常。家長可以使用以下方法幫助他們舒緩負面情緒：

1. 鼓勵孩子自由地表達出自己的感受，與孩子討論他們的情緒，讓他們知道你明白他們的感受。
2. 給予孩子正面的鼓勵和支持，讓他們知道升讀小學是一個很大的成就，而且他們已經做好準備。
3. 與孩子一起討論小學的經驗，讓孩子知道他們將會遇到什麼樣的情況，並且給予他們相應的建議，避免他們出現過大的現實落差。
4. 相約升讀同一所小學的家庭，在開學前外出玩樂，彼此認識。儘管他們日後未必會成為校內的玩伴，但若能讓孩子在正式入學時，能看到一些熟悉的面孔，將有助在新環境中提升親切感。

出發上學啦！

今天是開學日，欣欣及俊俊準時起牀、梳洗、換校服及吃早餐，然後懷着興奮的心情到校車站乘校車上學。

活動　小朋友，在校巴上要保持清潔、有禮，並且要注意安全。請在下圖的 □ 中，把行為正確的學生填上 ✓，把行為不正確的學生填上 ✗。

答案：1.✗ 2.✗ 3.✓ 4.✓ 5.✗ 6.✗ 7.✗

校車準時到達學校門口，俊俊望向窗外，看見穿着相同校服的同學用不同的方式上學。有的同學步行上學，有的乘搭其他交通工具上學。

小朋友，你會用什麼方式上小學呢？請剔選，然後在下方繪畫你上學的交通工具或方法。

- ☐ 步行
- ☐ 校巴
- ☐ 巴士
- ☐ 小巴
- ☐ 港鐵
- ☐ 私家車
- ☐ 其他：＿＿＿＿＿＿

下校車時，學校的上學鐘聲響起，俊俊感到緊張。於是，欣欣拖着他的手一起進入學校。

小朋友，欣欣和俊俊學校的上學時間是上午 8 時正，請在下圖的 □ 中，把準時上學的學生填上 ✓，把不準時上學的學生填上 ✗。

小朋友，一般小學會在以下情況響起鐘聲，提示同學做好準備。請爸媽用智能手機掃描以下二維碼，聽一聽各種學校的鐘聲。

- 課堂開始及完結時
- 小息開始及完結時
- 午飯開始及完結時
- 放學時

升小博士小貼士

開學日提早起牀可以讓爸爸媽媽有更多時間與孩子一起做好準備工作，並確認他們是否已經準備好了所有上學用品，然後懷着輕鬆的心情出門口。提早出門口亦可以避免交通擠塞的情況，免卻因遲到而加劇孩子開學日的焦慮及緊張的情緒。

答案：1.✗ 2.✓ 3.✓ 4.✗

與老師和同學初見面

欣欣及俊俊看見學校的老師和風紀站在校門前親切地向同學打招呼，並檢查每一位學生是否穿着整潔的校服進入校門。

小朋友，無論在任何場合我們也要保持儀表端莊、清潔衞生，上學也不例外。請觀察以下學生，圈出他們外表及儀容方面不合格的地方，來提醒他們。（提示：共 6 處不合格的地方）

答案：男學生：鞋帶鬆了、頭髮散亂、衣衫不整　女學生：校服裙有污跡、襪子沒穿好、沒有配帶校章

上課的鐘聲響起，不同班級的同學在有蓋操場列隊進入禮堂進行早會。欣欣、俊俊和同學們一個跟着一個，有序地排隊。

小朋友，在學校排隊時，女孩子和男孩子分別排列成兩行直線，排直線的秘訣是：自己的鞋尖對着前面同學的鞋踭。請把代表女孩子和男孩子的鞋子貼紙貼成兩行直線。

小朋友，請按照靠左的原則，把代表學生上樓梯和下樓梯的頭像貼紙貼在正確的位置。

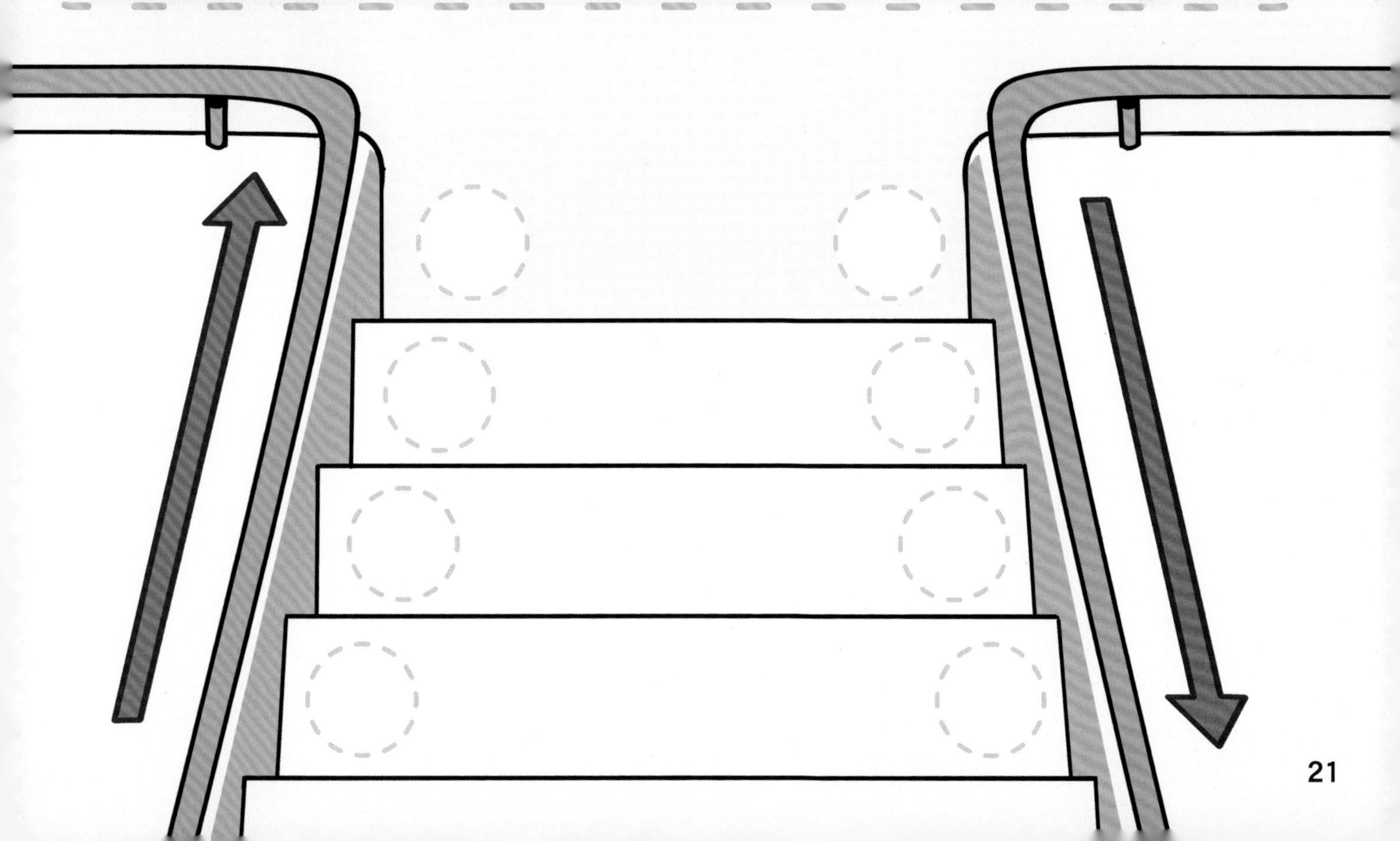

小學裏有什麼人？

今天早會的主題是「開學禮」，校長在台上歡迎同學，並介紹學校裏的老師和職工，欣欣和俊俊對於小學裏有不同科目的老師和不同的職工感到很好奇。

小朋友，請根據各個人物的描述，在 [　　　] 內貼上正確的人物名稱貼紙。

① 負責制訂學校內部規則和行政決策。

② 負責日常教學、備課及跟進學生學習情況。

③ 負責處理學校一般文書工作。

④ 負責協助學生借還圖書，整理和保存圖書館館藏。

⑤ 輔導那些在學業、社交或情緒等方面有需要的學生。

⑥ 負責校內清潔及維修等工作。

在小學，不同的科目由不同的學科老師任教，如：英文科老師、數學科老師、中文科老師等。除了正規老師外，有時還會有代課老師和實習老師。

答案：1. 校長　2. 老師
3. 書記　4. 圖書館管理員
5. 社工　6. 校工

原來在小學裏，學生也會擔任不同崗位的工作，成為老師的好幫手。欣欣和俊俊感覺自己長大了，對於成為小學生感到很自豪呢！

小朋友，猜一猜以下崗位的學生的工作是什麼？請用線把他們連至正確的工作描述。

① 風紀

ⓐ 負責收集及點算各科功課，跟進欠交功課的同學。

② 班長

ⓑ 準時到達校內崗位當值，禁止同學在走廊追逐、喧嘩，並巡視校園不同的地方。

③ 科長

ⓒ 由同學輪流當值，負責於下一節課前清潔黑板。

④ 值日生

ⓓ 負責協助老師處理班務，維持課室秩序及收派功課等。

答案：1.b 2.d 3.a 4.c

課堂正式開始……

早會後，各班回到課室上課。老師講課時，俊俊想起一件有趣的事，想跟身旁的同學分享。但當他看到筆盒上貼了媽媽提醒他課堂上應有行為的圖示時，便繼續專心上課。

小朋友，俊俊筆盒上的圖示代表什麼意思呢？請用線把各圖示連至正確的描述。

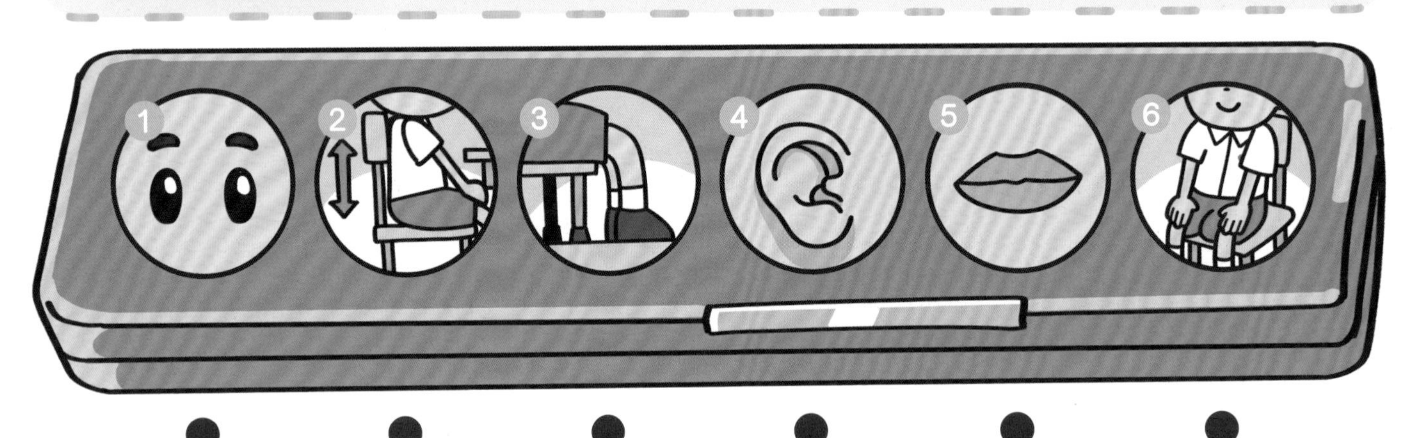

a 雙腳平放在地板上。

b 耳朵專心聆聽。

c 嘴巴保持安靜。

d 腰背貼着椅子坐直。

e 雙手放在大腿上。

f 眼睛專注課堂內容。

答案：1.f 2.d 3.a 4.b 5.c 6.e

升小博士小貼士

孩子的注意力和記憶力還處於發展階段，所以有時或許他們未能完全明白大人的要求，或容易忘記已經告訴過他們的事情。在這種情況下，使用視覺提示是一個很有效的方法。視覺提示可以是一些簡單的字句，配上簡單的插圖，來提醒孩子在學校應有的行為和態度，幫助他們養成良好習慣，培養出正確的生活態度和社交能力。

在欣欣的課室裏，有一位同學忘記舉手，便在座位上說話。老師提醒同學有需要時可舉手發問，並且要等待老師叫名後才可發言。

活動 小朋友，在什麼情況下學生應在課堂上舉手發問呢？請參考以下的思考圖，然後跟爸媽討論情境1至8的處理方法。

1 忘記帶上課需要用的課本。

2 不小心把橡皮掉到地上。

3 被同學騷擾，無法專心上課。

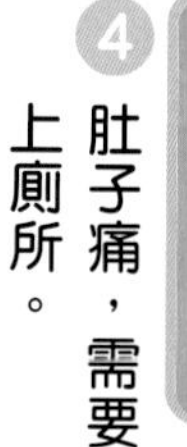

4 肚子痛，需要上廁所。

5 不小心把水壺留在操場。

6 不明白課堂內容，想發問。

7 小息時來不及喝水，感到口渴。

8 上視藝課時，被顏料弄髒雙手。

需要馬上處理嗎？

- 否 → 繼續留心上課，留待課堂完結後再處理。
- 是 → 能夠自行解決嗎？
  - 能夠 → 在不影響課堂的情況下，安靜地解決。
  - 不能夠 → 安靜地在座位上舉手。舉手後，老師有叫名嗎？
    - 有 → 可以發言。
    - 沒有 → 安靜地等待。

上課學什麼？

小學裏有不同的科目及學習活動，欣欣最期待上視覺藝術課，因為她可以運用不同的材料去創作自己的作品。俊俊對中文部件很感興趣，亦覺得中文老師很有幽默感，因此最喜歡上中文課。

活動

小朋友，請根據各圖中的課堂內容，在　　　內貼上正確的科目名稱貼紙。

答案：1. 中文 2. 英文 3. 音樂 4. 數學 5. 視藝 6. 常識 7. 體育

小朋友，請仔細閱讀欣欣的上課時間表 ，然後回答以下的問題。

班別：1 乙

班主任：劉俊輝老師

新雅小學
上課時間表

節次	時間	星期一	星期二	星期三	星期四	星期五
	8:00-8:30	早操及班務				
1	8:30-9:05	中文	中文默書	英文	英文	中文
2	9:05-9:40	數學	英文	英文	英文	中文
	9:40-10:00	小息				
3	10:00-10:35	中文	常識	中文作文	中文	體育
4	10:35-11:10	普通話	數學	中文作文	數學	英文
	11:10-11:20	小息				
5	11:20-11:55	英文	視藝	數學	電腦	英文
6	11:55-12:30	英文	視藝	數學	中文	數學
	12:30-1:20	午膳及午息				
7	1:20-1:55	音樂	中文	普通話	英文	常識
8	1:55-2:30	常識	體育	常識	常識	常識
	2:30-3:05	功課輔導 / 輔導課			圖書課	成長課

1. 哪天有體育課？ 星期 _____ 及 _____
2. 一周有多少節數學課？ _______________ 節
3. 午膳時間有多長？ _____________ 分鐘
4. 星期五有成長課嗎？ ☐ 有 ☐ 沒有
5. 星期四的第四節課是什麼？ _______________ 課

答案：1. 星期二及五 2. 6節 3. 50分鐘 4. 有 5. 數學課

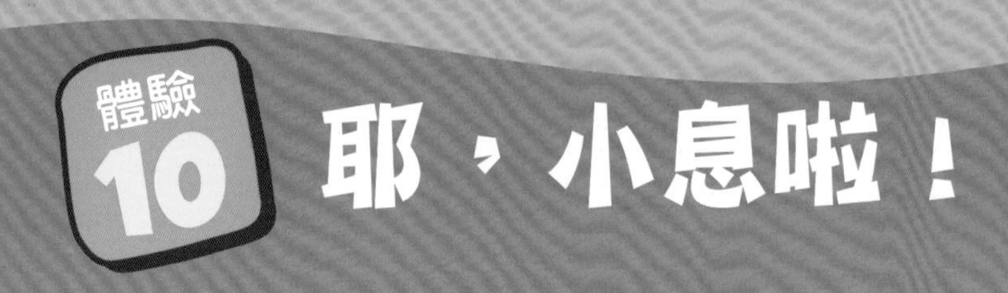

耶，小息啦！

小息的鐘聲響起，同學們紛紛去做自己喜歡的事。當值老師提醒他們要先上洗手間，並且喝點水及吃些小食。

小朋友，在小息時可以做什麼，不可以做什麼？請沿着迷宮走，找出可以做的事情和不可以做的事情。

在小息時，欣欣選擇和同學到操場玩耍，而俊俊則立即到小食部選購小食。

小朋友，你懂得分辨哪些是健康小食嗎？請在上圖圈出有益的食物，提示俊俊選購這些食物。

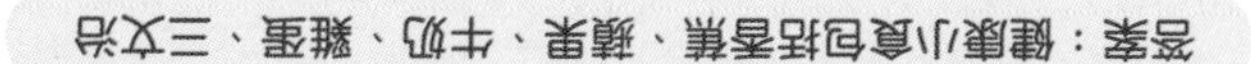

欣欣在操場與同學們玩耍時，看見一位同學被其他同學搶走了他正在閱讀的圖書而哭泣，於是欣欣上前安慰他，然後請老師幫忙。老師知道後，稱讚欣欣懂得關懷同學。

活動 小朋友，如果你在小息時，遇到以下情況，你會怎樣做？請仔細閱讀每個情況下的思考提示，幫助你選擇最適當的行為反應。

① 你看見兩位同學在洗手間玩水。

思考提示：在洗手間玩水是正確的行為嗎？

- □ 選擇 A：告訴同學在洗手間玩水會可能引致其他同學跌倒。
- □ 選擇 B：因為怕得罪同學便假裝沒有看見而離開洗手間。
- □ 選擇 C：覺得很有趣，便加入其中一起玩水。

② 廁格內的同學忘記拿紙巾，請求你幫助。

思考提示：這位同學急需你幫忙嗎？你有能力幫助她嗎？

- □ 選擇 A：沒有借出紙巾，更嘲笑那位同學。
- □ 選擇 B：因為身上沒有紙巾，於是沒有理會同學便離開。
- □ 選擇 C：立即回應同學並拿取紙巾給她。

③ 你洗手時不小心弄濕了校服。

思考提示：你能自行解決問題嗎？
□ 選擇 A
當作沒事發生，直接回到課室上課。
□ 選擇 B
自行用紙巾抹乾，並以乾手機吹乾校服。
□ 選擇 C
不知道如何解決，只懂留在洗手間。

④ 一位同學不小心碰跌你的食物後道歉。

對不起！
思考提示：同學是否故意的？是否知錯了？
□ 選擇 A
明白對方是無心之失，便接受對方的道歉。
□ 選擇 B
不接受同學的道歉，更憤怒地責備對方。
□ 選擇 C
覺得不知所措，只顧哭泣。

⑤ 你想加入同學們正在進行的遊戲。

思考提示：你知道怎樣作出請求嗎？

☐ 選擇 A
勇敢地對同學說：「請問我可以加入與你們一起遊戲嗎？」

☐ 選擇 B
想加入遊戲，但不懂得表達，於是在同學們身邊作出不禮貌行為，以吸引別人注意。

☐ 選擇 C
因為害怕與人表達自己的想法，便默默站在一旁。

⑥ 一位同學不慎跌倒在地上。

思考提示：這位同學需要你的關心嗎？你有能力幫助他嗎？

☐ 選擇 A
感到焦急，不知如何協助同學，只好轉身離開。

☐ 選擇 B
主動關心同學的傷勢，並即時找老師幫忙。

☐ 選擇 C
嘲笑同學：「就是因為你笨手笨腳才會跌到的！」

7 你看見一位同學被其他人排擠。

思考提示：這位同學需要你的慰問嗎？你有能力幫助他嗎？

- □ **選擇 A**
  安慰同學說：「我明白你因為被欺負而感到傷心。不要緊！我和你一起玩吧！」
- □ **選擇 B**
  感到不耐煩，並轉身離開。
- □ **選擇 C**
  嘲笑同學：「你這麼小事也哭，我都不想跟你玩了！」

8 同學分享零食給你，但你不喜歡吃該零食。

思考提示：你能感謝同學的分享嗎？你能有禮貌地表達自己的想法嗎？

- □ **選擇 A**
  答謝對方，但坦白跟對方說自己不喜歡這款零食。
- □ **選擇 B**
  跟對方說這款零食一點都不好吃，自己才不會吃。
- □ **選擇 C**
  沒有作出任何表示。

答案：1.A 2.C 3.B 4.A 5.A 6.B 7.A 8.A

咕嚕咕嚕，午膳時間！

午飯的時間到了，所有同學一起在課室吃飯。欣欣先拿出自己的餐具放在桌上，然後等待午飯姨姨把飯盒放到她的桌上。這天，欣欣訂了美味的番茄汁雞皇飯，而她身旁的同學帶了媽媽為她預備的海鮮炒烏冬。欣欣十分享受與同學一起午餐。

小朋友，同學們都訂購了或預備了不同的午餐。請把正確的午餐貼紙貼在同學的桌子上。

我訂購了番茄汁雞皇飯。

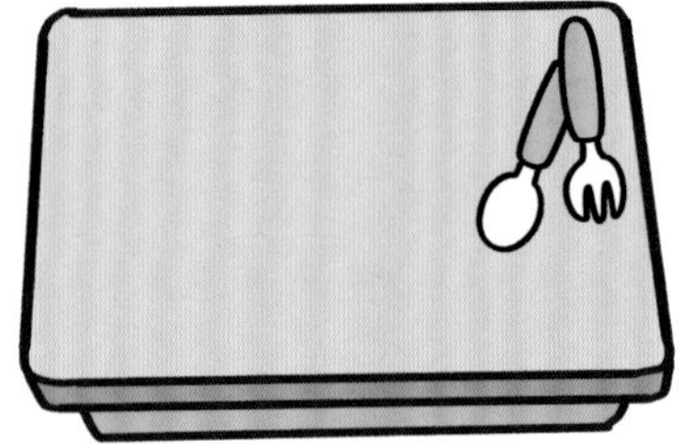

媽媽為我預備了海鮮炒烏冬。

我訂購了香菇燕麥烏冬配魚蛋。

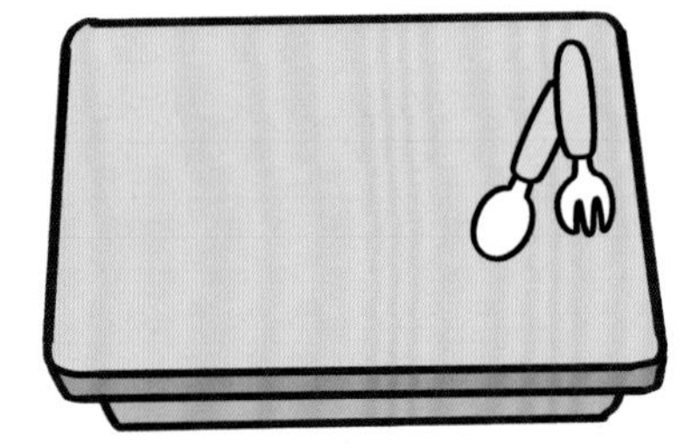

我訂購了蒜香雜菜肉粒配十穀飯。

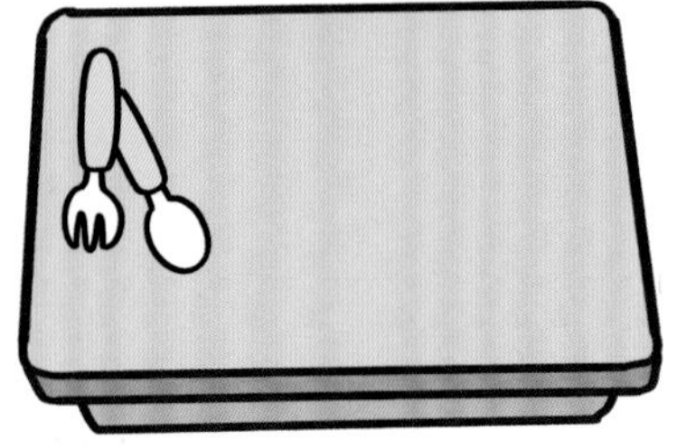

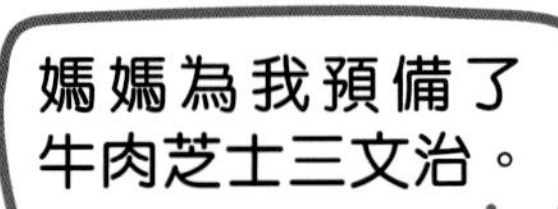

媽媽為我預備了牛肉芝士三文治。

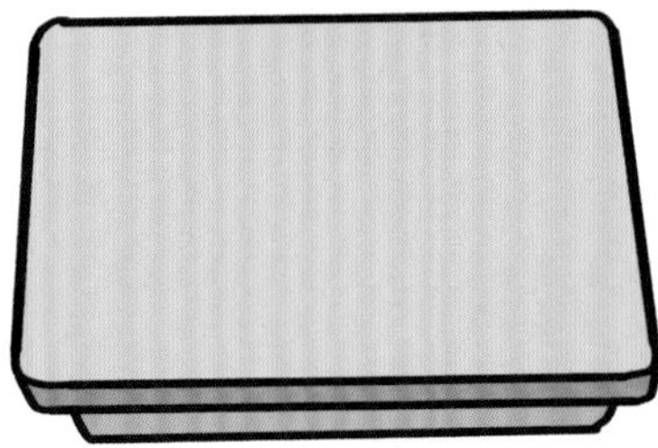

俊俊還沒有吃完午餐便想離開座位跟同學去玩。午飯姨姨提醒他不應浪費食物，而且吃足夠份量的食物才能幫助我們補充體力。

只吃肉和菜。
只吃少量食物。
只吃粉麪飯。
每種食物都要吃足夠。

活動

小朋友，以下是學校的午膳餐單，請你模擬填上一星期的午餐選擇。

星期	A	B	C	選擇
星期一	番茄汁雞皇飯	蒜香什菜肉粒配十穀飯	香菇燕麥烏冬配魚蛋	
星期二	冬菇肉片飯	薯仔雜扒配餐包	三色豆燴雞肉意粉配時蔬	
星期三	焗薯仔雞翼意粉	津白肉絲配紅米飯	煎魚柳配燴薯仔粒	
星期四	雜菌燴雞粒螺絲粉配時蔬	鮮茄肉片配五穀飯	乾燒伊麪配魚餅	
星期五	芝士肉醬意粉	蒜香豬柳飯	照燒雞腿配時蔬長通粉	

叮……放學啦！

放學的時間快到了，所有學生收拾抽屜、整理書包、準備排隊到操場放學。這個時候，欣欣才想起自己忘記抄手冊，於是她急忙把黑板上家課欄的功課抄到手冊上。

小朋友，根據左邊的家課欄，在右邊剔選欣欣今天需要完成的事情。

家課欄

九月一日 (星期一)	
科目	家課
中文	詞（一） 温習課一
英文	W.S. P.1-2
數學	書 P.10 28/10 小測單元一
常識	工（1） 明帶 1 上 B 冊
其他	海報設計 通告

今天需要完成的事情	
1. 中文詞語（一）	
2. 中文詞語（二）	
3. 中文作業第三至四頁	
4. 中文補充練習第二課	
5. 中文作句（一）	
6. 中文習字一篇	
7. 中文閱讀工作紙（一）	
8. 朗讀中文課本第二課	
9. 温習中文課本第一課	
10. English Workbook P.1	
11. English Worksheet P.1-2	
12. Reading Book 1A P.3-4	
13. English Exercise Book P.2	
14. 數學課本 P.5-7	
15. 數學課本 P.10	
16. 數學補充作業第一課	
17. 温習數學書單元二	
18. 改數學工作紙（1）	
19. 常識工作紙（1）	
20. 交通安全海報設計	
21. 請家長簽署通告	

答案：1、9、11、15、19、20、21

因為今天是開學日，爸爸媽媽特意過來接欣欣及俊俊放學。他們看到爸爸媽媽後，便迫不及待跟爸媽分享今天在學校發生的事情。

升小博士小貼士

開學初期，家長可以在放學後花多些時間了解孩子在學校的適應情況，看看老師和同學跟他們的互動如何，有沒有遇到什麼問題等。例如可以問：你最喜歡學校哪一個科目？為什麼？今天小息跟同學玩了什麼遊戲？家長亦可以注意子女的心情和情緒變化，例如突然間變得消沉無聊、緊張害羞或者興奮過度等，以及早發現孩子在學校遇到的困難，從而給予適當的關心和支持，並在有需要時跟老師聯繫，商量如何協助孩子更好地融入新的學習生活。

竟然還有豐富的課外活動！

今天學校派了一張有關課外活動的通告。原來，除了正常的上課時間外，小學還有很多課外活動供學生參加。欣欣打算參加西方舞，而俊俊則希望加入足球隊。爸爸媽媽鼓勵欣欣及俊俊努力學習，發掘自己的興趣和拓展潛能。

小朋友，你喜歡什麼課外活動？請在各個課外活動旁的☆填上顏色，表示喜歡活動的程度。

	喜歡 →				十分喜歡
• 童軍	☆	☆	☆	☆	☆
• 紅十字少年團	☆	☆	☆	☆	☆
• 公益少年團	☆	☆	☆	☆	☆
• 田徑隊	☆	☆	☆	☆	☆
• 花式跳繩	☆	☆	☆	☆	☆
• 中國舞	☆	☆	☆	☆	☆
• 西方舞	☆	☆	☆	☆	☆
• 籃球隊	☆	☆	☆	☆	☆
• 足球隊	☆	☆	☆	☆	☆
• 乒乓球隊	☆	☆	☆	☆	☆
• 游泳隊	☆	☆	☆	☆	☆
• 體操	☆	☆	☆	☆	☆
• 辯論隊	☆	☆	☆	☆	☆
• 朗誦隊	☆	☆	☆	☆	☆
• 合唱團	☆	☆	☆	☆	☆
• 話劇團	☆	☆	☆	☆	☆
• 畫班	☆	☆	☆	☆	☆
• 園藝班	☆	☆	☆	☆	☆
• 校園小記者班	☆	☆	☆	☆	☆
• 交通安全隊	☆	☆	☆	☆	☆
• 奧數學會	☆	☆	☆	☆	☆
• 語文班	☆	☆	☆	☆	☆

欣欣和俊俊還認識到小學的其他特別活動，如：陸運會、水運會。

小朋友，你知道以下學校活動是什麼嗎？請用線把學校活動和對應的事情連起來。

1 家長日 ●	● a
2 陸運會 ●	● b
3 校外參觀 ●	● c
4 結業禮 ●	● d
5 學校旅行 ●	● e
6 才藝表演 ●	● f
7 水運會 ●	● g
8 開放日 ●	● h

答案：1.b 2.d 3.a 4.h 5.f 6.c 7.e 8.g

認真做功課

回家後，爸爸教導欣欣及俊俊計劃和管理自己的時間，然後把時間表貼在他們的房間內，提醒他們建立健康和規律的生活。除了學習及日常生活活動外，欣欣及俊俊最喜歡每天的親子遊戲時間。

小朋友，你能為欣欣和俊俊一天的時間表填上不同的顏色嗎？請在 □ 裏把遊戲消閒類填上**紅色**，學習活動類填上**黃色**，日常生活類填上**綠色**，親子時間類填上**藍色**。

時間	日程	
上午 7:15	起牀梳洗	① □
上午 7:20	吃早餐	② □
上午 7:45	上學	③ □
下午 3:30	放學	④ □
下午 4:15	吃茶點	⑤ □
下午 4:30	做功課	⑥ □

時間	日程	
晚上 6:00	親子遊戲	⑦ □
晚上 6:45	吃晚飯	⑧ □
晚上 7:30	到公園散步	⑨ □
晚上 8:15	洗澡	⑩ □
晚上 8:45	閱讀	⑪ □
晚上 9:00	睡覺	⑫ □

答案：紅色：9、11；黃色：3、4、6；綠色：1、2、5、8、10、12；藍色：7

升小博士小貼士

研究指出遊戲對兒童的身體、認知、情緒、社交發展及學習能力都有好處。另外，每天固定的親子時間能加強親子溝通，提升親子關係，並有效減低升小銜接之轉變對孩子所帶來的壓力。

欣欣及俊俊準備做功課時，媽媽提醒他們要先做三方面的準備：身體、環境和心理準備。

第一：身體準備

喝一點水，吃一些小食，上洗手間。

第二：環境準備

在家中找一個安靜和光線充足的位置，預備整潔的書桌，擺放好文具和書簿。

第三：心理準備

深呼吸，慢慢平靜下來。

做完第一份功課後，欣欣開始坐不定，俊俊亦慢慢失去耐性。於是，爸爸建議他們做功課或溫習時，每 20 至 30 分鐘進行小休，例如：做些伸展動作、吃點小食或聽一會兒音樂。

小朋友，請試試以下小休活動，來放鬆身心。記得小休過後，繼續努力做功課啊！

1 向上下轉動頭部，向左右轉動頭部。

2 向前轉動肩膀，向後轉動肩膀。

3 向左彎腰，向右彎腰。

4 緊握拳頭，放鬆雙手。

⑤ 向上下轉動眼睛，向右左轉動眼睛。

⑥ 看看遠處的風景。

⑦ 聽聽輕鬆的音樂。

在學習期間進行小休活動，有助減少身體疲勞，還可以提升專注力！

你準備好當個小學生嗎？

雖然當小學生真的是充滿挑戰，不過在爸爸媽媽的支持和提點下，欣欣和俊俊順利地度過了小學的第一天生活，他們都覺得自己真的長大了不少！

小朋友，你準備好當個小學生嗎？請在爸爸媽媽的協助下完成以下評估，看看自己在各方面的準備程度。假如某一方面還沒預備好，不要緊的，就跟爸爸媽媽商量可以怎麼辦。

一般範疇	1= 在學習中	2= 大致掌握	3= 穩固掌握
能聽懂各類兒童故事			
對身邊事物充滿好奇			
遇上不懂的事情，能夠主動請教別人			
能夠使用流利的母語去表達自己的需要和意見			
能夠明白老師或父母的指示			
在學習上遇到困難時不輕言放棄			
樂於學習，主動積極			
對小學生活充滿期待和嚮往			

語言及認知發展	1= 在學習中	2= 大致掌握	3= 穩固掌握
掌握基本交通規則，不需提醒，自己就能夠注意交通安全			
上課專心聽講，明白教學內容			
知道在遇到緊急事故時要打「999」			
能夠寫作簡單的中文句子			
能夠重述故事			
能比較和分析不同的物件			
能夠完整講述一件已經發生了的事情			

社交發展	1= 在學習中	2= 大致掌握	3= 穩固掌握
能夠原諒同伴所犯的錯			
接納同伴的意見			
與同伴發生摩擦時，能夠自行解決問題			
能夠幫助同伴			
喜歡結交朋友			
能夠和同伴分享玩具			

情緒及行為發展	1= 在學習中	2= 大致掌握	3= 穩固掌握
不推撞同伴			
不排擠同伴			
情緒表現穩定			
不對同伴說不禮貌的說話			
不易哭，不易激動			

自我管理	1= 在學習中	2= 大致掌握	3= 穩固掌握
能夠自己收拾玩具			
上學時會帶齊所需物品			
能夠安排和管理好時間去完成學習任務			

肌肉發展	1= 在學習中	2= 大致掌握	3= 穩固掌握
能夠正確繫上扣子和拉鍊			
能夠正確使用湯匙或筷子進食			
能夠自己穿、脫衣服及綁鞋帶			
能夠自己進食			
能夠使用剪刀剪出不同圖案			
能夠準確拋接皮球			

小朋友，你有信心當一個小學生嗎？

恭喜你，你已經準備好當個小學生了！

請不要氣餒！不是你做不到，只是你還沒做到！

附錄

小朋友，請剪下以下的心情記錄表，記錄每天上學的感受。如有需要，你可影印多張使用。

祝您小學生活愉快！

心情記錄

我今天感到________________

因為____________________

我會____________________

____

心情記錄

我今天感到________________

因為____________________

我會____________________

____

心情記錄

我今天感到

因為

我會

心情記錄

我今天感到

因為

我會

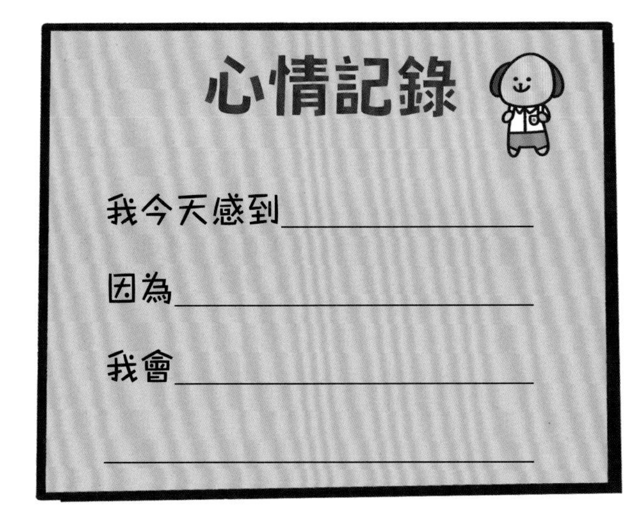
心情記錄

我今天感到

因為

我會

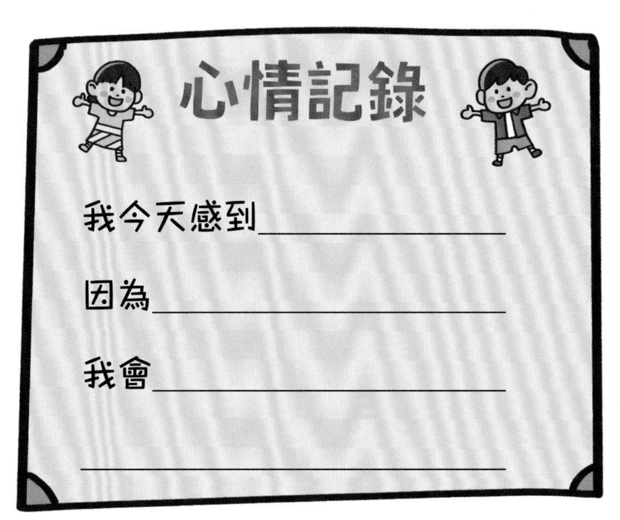
心情記錄

我今天感到

因為

我會